Saber Interativo

COMO CONVIVER COM AS CHEIAS DOS RIOS?

RICARDO DREGUER E ELIETE TOLEDO

1ª edição
São Paulo, 2013

MODERNA

© RICARDO DREGUER; ELIETE TOLEDO, 2013

COORDENAÇÃO EDITORIAL: Lisabeth Bansi
ASSISTÊNCIA EDITORIAL: Patrícia Capano Sanchez
PREPARAÇÃO DE TEXTO: Ana Catarina Ferreira Nogueira
COORDENAÇÃO DE EDIÇÃO DE ARTE: Camila Fiorenza
DIAGRAMAÇÃO: Cristina Uetake, Elisa Nogueira
PESQUISA ICONOGRÁFICA: Mariana Veloso Lima, Carlos Luvizari
ILUSTRAÇÕES: Bruna Assis Brasil, Caio Cardoso, Elder Galvão, Glauco Diógenes, Gustavo Gus, Pablo Mayer, Paola Lopes, Weberson Santiago
IMAGEM DE CAPA: ©Thiago Leite/Shutterstock
COORDENAÇÃO DE REVISÃO: Elaine C. del Nero
REVISÃO: Sandra Garcia Cortés
COORDENAÇÃO DE *BUREAU*: Américo Jesus
PRÉ-IMPRESSÃO: Alexandre Petreca, Everton L. de Oliveira Silva, Hélio P. de Souza Filho, Marcio Hideyuki Kamoto, Vitória Sousa
COORDENAÇÃO DE PRODUÇÃO INDUSTRIAL: Arlete Bacic de Araújo Silva
IMPRESSÃO E ACABAMENTO: Lis Gráfica e Editora

A editora empenhou-se ao máximo no sentido de localizar os titulares dos direitos autorais do trechos das letras das músicas *Peão de Boiadeiro* (pág. 22) e *Enchentes* (pág. 35), sem resultado. A editora reserva os direitos para o caso de comprovada a titularidade.

Créditos das imagens das páginas 18 e 19:
Antas: Tamara Kulikova/Shutterstock
Aracuã-do-pantanal: Artur Keunecke/Pulsar Imagens
Araras-azuis: Tony Wear/Shutterstock
Ariranha: Christian Musat/Shutterstock
Beija-flor-dourado: Palê Zuppani/Pulsar Imagens
Bicho-preguiça: Tami Freed/Shutterstock
Bugio: Haroldo Palo Jr/Kino
Cágados: Lmnopg007/Shutterstock
Camaleão: Apiguide/Shutterstock
Capivara: Lightpoet/Shutterstock
Carcará: Eric Isselee/Shutterstock
Cateto: Shane Kennedy/Shutterstock
Caturritas: Luis César Tejo/Shutterstock
Cervo-do-pantanal: Eduardo Rivero/Shutterstock
Cutia: Bernhard Richter/Shutterstock
Ema: Pandapaw/Shutterstock
Gavião-carijó: Palê Zuppani/Pulsar Imagens
Jacaré: Mario Friedlander/Pulsar Imagens
Jiboia: Eric Isselee/Shutterstock
Lobo-guará: Anan Kaewkhammul/Shutterstock
Onça-parda: Eduardo Rivero/Shutterstock
Papagaio: Mircea Bezergheanu/Shutterstock
Periquitos: Edson Grandisoli/Pulsar Imagens
Quati: Roland IJdema/Shutterstock
Sapo: Chris Ison/Shutterstock
Seriema: Eric Isselee/Shutterstock
Tamanduá-bandeira: Karel Gallas/Shutterstock
Tatu: Du Zuppani/Pulsar Imagens
Tucano: Yenyu Shih/Shutterstock
Tuiuiú: Ecoventurestravel/Shutterstock

Dados Internacionais de Catalogação na Publicação (CIP)
(Câmara Brasileira do Livro, SP, Brasil)

Dreguer, Ricardo
    Como conviver com as cheias dos rios? /
Ricardo Dreguer e Eliete Toledo. – 1. ed. – São Paulo :
Moderna, 2013. – (Coleção Saber Interativo)

    ISBN: 978-85-16-08937-5

    1. Arte (Ensino fundamental) 2. Ciências (Ensino fundamental)
3. Geografia (Ensino fundamental) 4. História (Ensino fundamental)
5. Português (Ensino fundamental) I. Toledo, Eliete. II. Título. III. Série.

13-06900   CDD-372.19

Índices para catálogo sistemático:
1. Ensino integrado: Livro-texto : Ensino fundamental   372.19

Reprodução proibida. Art. 184 do Código Penal e lei Nº 9.610, de 19 de fevereiro de 1998.

Todos os direitos reservados
EDITORA MODERNA LTDA.
Rua Padre Adelino, 758 – Belenzinho
São Paulo – SP – Brasil – CEP 03303-904
Vendas e Atendimento: Tel. (11) 2790-1300
Fax (11) 2790-1501
www.modernaliteratura.com.br
2013
Impresso no Brasil

ilustrações de CAIO CARDOSO

Saber interativo

Hoje, com um simples toque na tela do *tablet* ou do celular, você pode acessar rapidamente milhares de informações, mas elas precisam ser organizadas e transformadas em conhecimento.

Esse é o objetivo desta coleção: ajudá-lo a desenvolver um *Saber Interativo*.

Para isso, você vai utilizar informações de diversas fontes para entender e explicar um assunto presente em seu cotidiano, conectando saberes de diferentes disciplinas.

Seu desafio

Neste livro, você vai refletir sobre a seguinte questão:

Como conviver com as cheias dos rios?

Para isso, você vai interligar informações de Ciências Naturais, Geografia, História, Língua Portuguesa e Arte.

Boa interatividade!

Sumário

INÍCIO DE CONVERSA

- **6** Uma tragédia inevitável?
- **7** Chuvas e cheias
- **7** Os rios enchem por diferentes motivos
- **8** Ciclo da água e das chuvas

CHEIAS NO EGITO ANTIGO

- **10** Quatro meses de cheias
- **11** Preparação para as cheias
- **13** Cheias e agricultura
- **13** O rio e o calendário agrícola
- **14** Quando as cheias eram fracas
- **14** O lago Méris
- **15** Múmias doentes?
- **16** A represa de Assuã
- **17** Represa de Assuã e impacto ambiental

CHEIAS NO PANTANAL

- **18** O que é o Pantanal
- **20** Índios canoeiros
- **22** Por que os bois não se afogavam?
- **23** Novas fazendas e o impacto ambiental
- **24** Agricultura no Pantanal
- **26** As barragens e as cheias
- **26** Como funcionam as barragens
- **28** Mudanças na pesca

CHEIAS NAS CIDADES

- **30** Uma história de inundações
- **31** O Rio de Janeiro e as enchentes
- **32** Recife e as cheias
- **34** A barragem de Tapacurá
- **35** Desentortando os rios
- **36** São Paulo e os rios: uma relação complicada
- **38** Tá na lei, mas...
- **40** Blumenau e as enchentes
- **42** Enchentes e doenças

LIGANDO OS PONTOS

- **43** Retomando o desafio
- **44** Organizando as informações
- **46** Concluindo

48 REFERÊNCIAS BIBLIOGRÁFICAS

Início de conversa

ilustrações de CAIO CARDOSO

RIO DE JANEIRO (RJ)

MANAUS (AM)

SALVADOR (BA)

BRASÍLIA (DF)

Uma tragédia inevitável?

Todos os anos acontecem enchentes nas cidades brasileiras, com alagamento de ruas e casas, destruição de imóveis e mortes de muitas pessoas.

Algumas pessoas consideram que essas tragédias são inevitáveis, pois estariam ligadas ao transbordamento dos rios causado pela intensidade das chuvas em determinadas épocas do ano.

Ao longo deste livro estudaremos os diversos elementos envolvidos na ocorrência das enchentes, procurando descobrir se realmente se trata de uma tragédia inevitável.

Chuvas e cheias

Na maioria dos estados brasileiros a concentração das chuvas ocorre entre dezembro e março. Essas chuvas intensas contribuem para as cheias dos rios, que costumam ocorrer nesses meses.

Entretanto, alguns estados brasileiros, como os da região Nordeste, têm pouca quantidade de chuvas nessa época. Os rios dessa região costumam encher entre maio e agosto, meses de maior quantidade de chuvas.

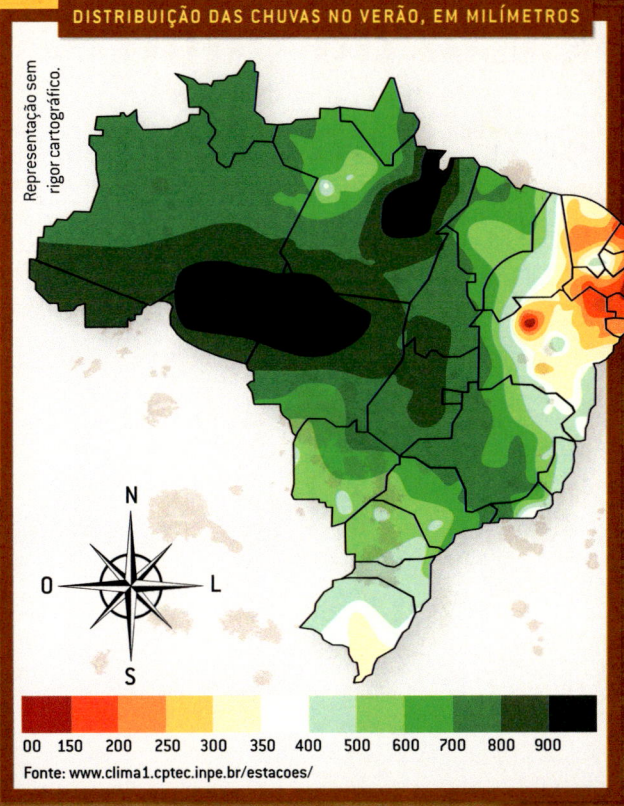

DISTRIBUIÇÃO DAS CHUVAS NO VERÃO, EM MILÍMETROS

Representação sem rigor cartográfico.

00 150 200 250 300 350 400 500 600 700 800 900

Fonte: www.clima1.cptec.inpe.br/estacoes/

Os rios enchem por diferentes motivos

Os rios podem encher devido ao degelo da neve nas montanhas, ao aumento das chuvas em determinadas épocas do ano ou ao recebimento das águas de outros rios.

Quando os rios enchem muito rapidamente, a água transborda para os terrenos nas margens, provocando enchentes ou inundações.

Você sabia?

Os cientistas dispõem de tecnologias modernas que permitem prever o tempo com grandes chances de acerto. Porém, ainda acontecem erros, pois essa previsão envolve elementos que podem mudar rapidamente, como o deslocamento das nuvens.

INFOGRÁFICO

Ciclo da água e das chuvas

1. O calor do Sol faz parte da água dos mares, oceanos, rios e lagos transformar-se em vapor e ir para a atmosfera.

2. O calor do Sol também faz as plantas e os animais transpirarem, liberando mais vapor de água na atmosfera.

3. Na atmosfera o vapor se resfria, formando pequenas gotas, que se unem e originam as nuvens.

O que é, o que é?

1. O que muda de forma toda hora, já foi água e água será?
2. O que cai em pé e corre deitado?
3. Posso ser frio ou quente, posso ser forte ou fraco, mas nunca estou parado. Quem sou eu?

Agora confira as respostas no canto deste boxe.

Resposta: 1. Nuvem. 2. Chuva. 3. Vento.

4. Essas nuvens podem deslocar-se devido aos ventos. Quando elas ficam muito cheias, a água cai em forma de chuva, granizo ou neve.

5. Na superfície terrestre a água se infiltra no solo, originando as águas subterrâneas, ou vai para os mares, oceanos, lagos e rios.

ilustrações de WEBERSON SANTIAGO

9

Cheias no Egito Antigo

ilustrações de
BRUNA ASSIS BRASIL

Representação sem rigor cartográfico.
Fonte: HILGEMANN, W. e KINDER, H. *Atlas historique*. Paris: Perrin, p. 18.

INFOGRÁFICO

Quatro meses de cheias

O quê?
As cheias do rio Nilo deixavam boa parte do Egito Antigo alagado durante quatro meses: de julho a outubro.

Onde?
Território do nordeste da África, em torno do rio Nilo, atualmente correspondente ao Egito e ao Sudão.

Quando?
Há cerca de 7 mil anos.

Preparação para as cheias

Os egípcios construíam suas moradias em áreas mais altas, para evitar que as águas das cheias anuais do Nilo as destruíssem.

Ao longo da margem do Nilo, eles construíam degraus nos quais faziam marcações para medir o nível do rio. Isso permitia prever a ocorrência de cheias mais fortes, possibilitando que desocupassem as áreas que seriam alagadas.

Mitos e lendas

Lágrimas de Ísis e cheias no Nilo

A deusa Ísis, protetora da natureza e das mães, era casada com o deus Osíris. Após a morte de seu marido, Ísis passou a chorar muito. As lágrimas derramadas por Ísis faziam o rio Nilo transbordar, dando origem às cheias anuais.

ARTE
O NILO E O DEUS HAPI

Ele possui uma coroa que simboliza as plantas aquáticas que nascem no Nilo.

O rio Nilo era relacionado ao deus Hari, um homem forte, mas com mamas femininas, que simbolizam a fertilidade.

Em suas mãos, Hapi segura peixes e plantas que representam os alimentos que os egípcios obtêm por meio do rio.

Escultura representando o deus Hapi, conservada no Museu do Louvre, Paris, França.

ilustrações de BRUNA ASSIS BRASIL

Cheias e agricultura

Quando as águas do Nilo baixavam, deixavam sobre o solo uma camada de lama escura, rica em nutrientes, que tornava a terra fértil, facilitando o crescimento de plantas que atraíam animais em busca de alimento.

Os antigos egípcios utilizavam os solos férteis das margens para cultivar alimentos e criar animais. Antes das novas cheias, eles realizavam a colheita e deslocavam os animais para locais mais distantes da área inundável.

Fragmento de pintura na tumba de Senndedjem, em Luxor, Egito.

O rio e o calendário agrícola

julho a outubro

ÉPOCA DO AKHIT

Época de cheias do rio Nilo

novembro a fevereiro

ÉPOCA DO PERIT

Baixa das águas. Preparação da terra e implantação das sementes.

março a junho

ÉPOCA DO CHEMU

Estação mais seca. Época da colheita.

Quando as cheias eram fracas

ilustrações de ELDER GALVÃO

Em alguns anos as cheias do rio Nilo eram fracas, dificultando a agricultura e causando falta de alimentos e revoltas dos camponeses.

Para enfrentar a falta de água, eram construídos lagos que acumulavam a água das grandes cheias, e também canais, pelos quais elas eram liberadas nos períodos de seca, para irrigar as terras.

O lago Méris

Sesóstris II, que governou o Egito entre 1844 e 1837 a.C., comandou a construção de um canal com cerca de 90 metros de largura que ligava o rio Nilo a uma área mais baixa, formando um grande lago, chamado Méris.

Autor: HERÓDOTO, HISTORIADOR GREGO

DATA: cerca de 450 a.C.

TEMA: descrição do lago Méris

As águas do lago Méris não derivam de nenhuma nascente, uma vez que o terreno ocupado por ele é extremamente árido e seco; vêm do Nilo por um canal de comunicação. Durante seis meses, elas correm do rio para o lago e, durante outros seis, do lago para o rio.

Heródoto. História. São Paulo: Ediouro, 2001. p. 287.

Múmias doentes?

Os canais de irrigação e os lagos construídos pelos egípcios antigos facilitaram a multiplicação e a disseminação do caramujo bionfalária, no corpo do qual se podem desenvolver os ovos do parasita *Schistosoma*, transmissor da esquistossomose.

Isso foi descoberto por pesquisadores atuais, que encontraram ovos desse parasita preservados em algumas múmias egípcias com cerca de 3.000 anos.

Esquistossomose. *sf.*
1. Infecção causada por três espécies de esquistossomo, o *Schistosoma mansoni* (que ocorre no Brasil), o *S. haematobium* e o *S. japonicum*, que ataca os intestinos e o fígado do ser humano; no estágio avançado da doença o fígado inflama, endurece e aumenta de tamanho e o enfermo, além de fraco, fica com o abdome dilatado.

Disponível em: http://aulete.uol.com.br
Acesso em: 3 out. 2013.

A represa de Assuã

Ao longo da história, os governantes egípcios determinaram a construção de vários diques e represas para conter as cheias do Nilo.

Na década de 1960, construíram uma grande represa em Assuã, com o objetivo de produzir energia elétrica e de facilitar a irrigação, controlando as cheias. Para isso, represaram um trecho do rio, o que causou o alagamento de uma grande área em suas margens, formando o lago Nasser.

Você sabia?

Durante a construção da represa de Assuã, arqueólogos chamaram a atenção para o perigo de que as águas da represa destruíssem construções do Egito Antigo. Por isso, vários monumentos foram deslocados para as margens do lago Nasser, preservando um importante patrimônio histórico.

ilustrações de
ELDER GALVÃO

Represa de Assuã e impacto ambiental

A represa de Assuã provocou diversos impactos no ambiente, como a diminuição da quantidade de nutrientes no rio Nilo, comprometendo a alimentação dos peixes, o que levou muitas espécies à extinção e prejudicou os pescadores.

Essa diminuição de nutrientes também reduziu a fertilidade das terras, dificultando a atividade agrícola e prejudicando os camponeses que viviam nessa região.

Pescadores do rio Nilo.

Deu na internet @

BIODIVERSIDADE AQUÁTICA NO RIO NILO DIMINUIU SIGNIFICATIVAMENTE

Justin Grubich, professor-adjunto de biologia na American University, no Cairo, disse que a quantidade e variedade de peixes no Nilo sofreu uma redução catastrófica depois da construção da represa de Assuã, nos anos 1960. Ela atua como uma barreira, afetando o ciclo reprodutivo e as rotas migratórias de muitas espécies de peixes [...]

No lago Nasser, a reserva de 5.200 quilômetros quadrados que há por trás da represa, as populações de muitas espécies de peixes diminuíram a níveis críticos, alerta Olfat Anwar, diretora de Pesca na Autoridade de Desenvolvimento do Lago Nasser. "O principal motivo é a mudança no ambiente, porque quase não há fluxo de nutrientes dentro do lago", pontuou.

Disponível em: <http://ow.ly/p1ccG>. Acesso em: 5 jun. 2013.

Cheias no Pantanal

ilustrações de PABLO MAYER

- Gavião-carijó
- Caturritas
- Seriema
- Periquitos
- Beija-flor-dourado
- Tuiuiú
- Papagaio
- Tucano
- Aracuã-do-pantanal
- Ema
- Carcará
- Araras-azuis

ÉPOCA DA CHEIA
Outubro • Novembro • Dezembro • Janeiro • Fevereiro • Março

Transbordamento das águas do rio Paraguai e seus afluentes, que alagam os campos. Os animais são vistos em pequenos grupos, pois a maioria busca refúgio nas áreas mais elevadas.

O que é o Pantanal

Representação sem rigor cartográfico

Fonte: www.ecoa.unb.br

Pantanal sm. [...] conjunto de vegetação existente a oeste de Mato Grosso e Mato Grosso do Sul, com altitude de 100 a 200 m, e com localização próxima aos rios da bacia do rio Paraguai, abrangendo uma área de 388.995 km². As enchentes dos rios que ocorrem de outubro a março inundam vastas áreas.

GIOVANNETTI, G.; LACERDA, M. Dicionário de Geografia. São Paulo: Melhoramentos, 1996. p. 155.

Antas
Bicho-preguiça
Bugio
Cervo-do-pantanal
Quati
Tamanduá-bandeira
Lobo-guará
Sapo
Tatu
Capivara

ÉPOCA DA SECA
Abril • Maio • Junho • Julho • Agosto • Setembro

Os campos aparecem e vão secando, formando lagos nas áreas mais baixas. Os animais se concentram nas margens dos lagos e rios para se alimentar e se reproduzir.

Cutia
Cateto
Jiboia
Jacaré
Camaleão
Onça-parda
Ariranha
Cágados

Índios canoeiros

Há cerca de quinhentos anos, havia diversos povos indígenas que construíam canoas para pescar e se deslocar durante o período das cheias no Pantanal. Por isso foram chamados de "índios canoeiros" pelos não índios que se fixaram nesse território.

Entre os povos indígenas atuais conhecidos como canoeiros estão os Guató, que vivem no Mato Grosso e Mato Grosso do Sul, cuja principal atividade na época das cheias é a pesca.

ARTE: FOTOGRAFANDO ÍNDIOS CANOEIROS

TIPO: Fotografia

DATA: 1910

AUTOR: Max Schmidt

OBJETIVO: documentar viagem de exploração realizada por pesquisadores alemães no Pantanal

ONDE ESTÁ CONSERVADO: Museu Pérgamo, Berlim, Alemanha.

ilustrações de PABLO MAYER

Outras palavras

OS ÍNDIOS GUATÓ E AS CHEIAS

A cerca de cinquenta metros do rio, ergue-se o aterrado dos Guató. Não tem mais de quinze metros, no cume, acima do nível das águas (estamos ainda na estação da seca). Um sistema de valas (vazante), que canaliza as águas, na enchente, protege o aterrado, impedindo o desmoronamento [...].

RONDON, F. Pelos sertões e fronteiras do Brasil.
Rio de Janeiro: Reper, 1969. p. 316.

TIPO: Fotografia

DATA: 2013

AUTOR: Mario Friedlander

BANCO DE IMAGEM: Pulsar Imagens

Por que os bois não se afogavam?

montagem de
GUSTAVO GUS

Nos séculos XVII e XVIII colonos portugueses criaram fazendas de gado no Pantanal, adaptando-se aos ciclos de cheia e seca dessa região.

Um pouco antes da época da cheia, os vaqueiros levavam o gado para as partes mais altas, impedindo que os animais se afogassem com o excesso de água que transbordava dos rios.

Na seca, eles conduziam o gado de volta para se alimentar das plantas rasteiras que se formavam na beira dos pequenos lagos, que também serviam como fonte de água para os bois.

Forte de Coimbra, em Corumbá (MS), construído no século XVIII pelos colonos portugueses.

PEÃO DE BOIADEIRO

Vieira e Vieirinha

Quando o rio está bufando
Eu passo o boi a nado
Parece que estou brincando
No porto do taboado
Oi qualquer paixão me adiverte
Com pouco eu me satisfaço
Contando que a reis não puxa
O galeio do meu laço

Oi lari so peão estradeiro
Eu toco qualquer boiada
Sou culatra e sou ponteiro
Não deixo boi de arribada

Novas fazendas e o impacto ambiental

A partir da década de 1960 os grandes fazendeiros passaram a construir aterros para proteger as pastagens das inundações. Eles desmataram as áreas mais altas, para facilitar o deslocamento do gado no período de cheias. E também substituíram os campos nativos que serviam de pasto para o gado por plantas trazidas de outros locais.

Todas essas mudanças alteraram o ciclo natural das cheias do Pantanal, diminuindo a mata nativa e os peixes que serviam de alimento para diversos animais.

Deu na internet

PEÕES SE ESFORÇAM PARA SALVAR O GADO NO PANTANAL

[...] Onde antes havia pastagem agora água, muita água. E a cada dia a cheia avança pelas fazendas do Pantanal. Os animais ficam expostos. "Eles vão perecer, emagrecer, tem deles que até morre. Aí tem que tirar, tirar rápido", conta o peão Pedro Luis Pinto.

[...] A boiada percorre, em média, 15 quilômetros por dia. O cozinheiro Gonçalo leva os mantimentos em uma charrete. "Matei a vaca anteontem, sequei uma carne pra viagem. Vai levando rapadura, pra carne para assar na estrada", diz o cozinheiro.

Daqui a quatro meses, quando o Pantanal já estiver seco, o gado voltará. É um ciclo que se renova. [...]

Disponível em: http://ow.ly/ptqtZ.
Acesso em: 3 out. 2013

INFOGRÁFICO

Agricultura no Pantanal

Plantação para consumo próprio, principalmente de mandioca, realizada em sítios pequenos e médios, respeitando os períodos de cheias dos rios, com adubos e defesas naturais contra as pragas, que não poluíam as águas.

Plantação para consumo próprio e para comercialização de mandioca, milho, banana e laranja, em pequenas propriedades, respeitando os períodos de cheias dos rios e com adubos naturais.

XVI | XVII | XVIII

ilustrações de GLAUCO DIÓGENES
E PAOLA LOPES

Plantação de cana-de-açúcar em grandes fazendas criadas após o aterramento de áreas alagáveis, alterando o ciclo das cheias dos rios. Utilização de agrotóxicos que poluíam os rios e matavam os peixes.

Plantação de cana-de-açúcar, trigo e soja para exportação em grandes fazendas, com ampliação dos aterramentos, do uso de agrotóxicos e da poluição dos rios.

XIX XX XXI

25

ilustrações de
WEBERSON SANTIAGO

As barragens e as cheias

No século XX, foram construídas barragens nos rios do Pantanal para produção de energia elétrica. As comunidades que vivem nas margens dos rios foram retiradas para dar lugar à água represada.

O represamento causou a formação de bancos de areia, o que impediu a navegação de barcos grandes e afetou o deslocamento das pessoas.

INFOGRÁFICO

Como funcionam as barragens

A água dos rios é represada por uma barragem que forma um grande lago ou represa.

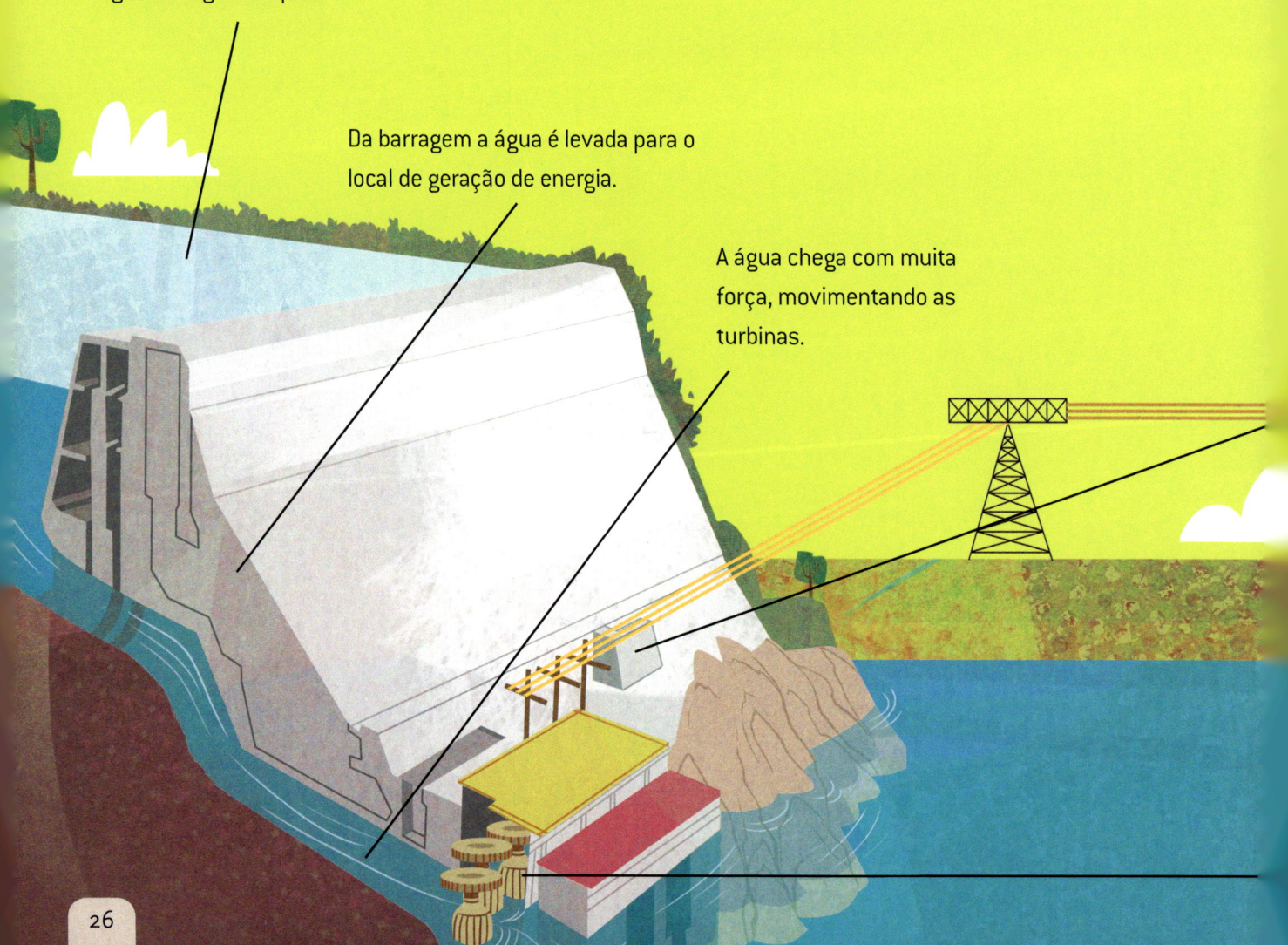

Da barragem a água é levada para o local de geração de energia.

A água chega com muita força, movimentando as turbinas.

Barragem da represa de Corumbá (MS)

Outras palavras

BARRAGENS E IMPACTOS AMBIENTAIS

[...] a maioria dos estudos e relatos demonstra como principais efeitos negativos [das barragens] sobre a sociedade e o meio ambiente: o deslocamento compulsório da população residente na área inundável pelo reservatório e consequentemente a perda de terras cultiváveis [...]; diminuição da quantidade e da variedade de espécies de peixes, tão importantes para a subsistência de grande parte das comunidades atingidas [...]; aumento de doenças como malária, febre amarela, leishmaniose; entre outros.

VIANA, R. de M. *Grandes barragens, impactos e reparações*: um estudo sobre a barragem de Itá. Tese de Mestrado. Rio de Janeiro: UFRJ, 2003. p. 14.

A energia elétrica passa pelos transformadores, dos quais saem cabos e linhas que levam a eletricidade para os núcleos urbanos e rurais.

As turbinas possuem palhetas ou pás que rodam rapidamente, fazendo funcionar um gerador que transforma a energia do movimento em energia elétrica.

Mudanças na pesca

A pesca é outra atividade realizada pelos habitantes do Pantanal há séculos, principalmente no período de cheias dos rios. Entretanto, no século XX essa atividade foi prejudicada pela construção das barragens – que dificultava a reprodução dos peixes – e pela chegada de muitos pescadores esportivos, que não respeitavam os períodos de desova.

Esses dois fatores contribuíram para diminuir a quantidade de peixes e colocar em risco a continuidade de algumas espécies.

Mitos e Lendas

PESCA E LENDAS PANTANEIRAS

MÃE D'ÁGUA

Protetora das águas e dos pescadores, que costuma ser vista apoiada sobre as pedras dos rios.

MINHOCÃO

Serpente longa e cabeluda que vira os barcos e devora os pescadores.

MENINO D'ÁGUA

Menino que vive numa cidade no fundo do rio e adora atrapalhar as pescarias, virando os barcos e embolando as linhas e os anzóis debaixo da água.

ilustrações de CAIO CARDOSO

DESCUBRA OS PEIXES

Observe as fotos de alguns peixes do Pantanal. Quais delas mostram o **abotoado**, o **dourado** e o **pintado**?

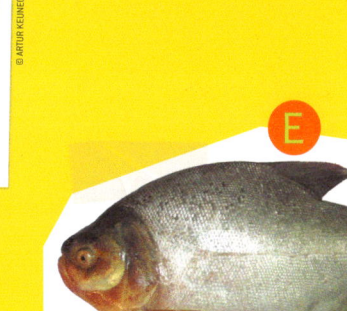

Resposta: A. apapá, B. tucunaré, C. abotoado, D. dourado, E. pacu, F. matrinxã, G. lambari, H. pintado

Cheias nas cidades

Uma história de inundações

Muitas cidades brasileiras atuais tiveram origem em povoações estabelecidas pelos colonos portugueses próximas de grandes rios.

Com o crescimento dessas cidades, seus habitantes passaram a ocupar as margens dos rios, realizando desmatamentos e construções que dificultaram a infiltração da água no solo.

Por isso, durante a ocorrência de chuvas fortes, aumentou o volume de água que escorria para os rios e escoava para as margens, o que intensificou as inundações nas cidades.

Você sabia?

A ocupação da Amazônia pelos colonos portugueses no século XVII acompanhou o curso dos principais rios da região. Em 1616, eles construíram, próximo ao rio Amazonas, o forte do Presépio, que deu origem à Vila de Santa Maria de Belém do Grão-Pará, atual cidade de Belém. Em 1669, construíram próximo ao rio Negro o forte de São José da Barra do Rio Negro, que deu origem à cidade de Manaus.

Desenho de autor anônimo representando Belém, em 1640.

O Rio de Janeiro e as enchentes

ilustrações de
GLAUCO DIÓGENES E
PAOLA LOPES

A cidade do Rio de Janeiro, fundada em 1565, se desenvolveu em uma faixa de terra entre diversos morros e o mar. Para facilitar a ocupação dessa área, os habitantes da cidade abriram ruas e aterraram valas naturais por onde a água da chuva escorria dos morros para o mar, dificultando o escoamento das águas e gerando inundações.

Ao longo de sua história, os habitantes e os governantes da cidade abriram canais com o objetivo de evitar as enchentes decorrentes das chuvas e do transbordamento dos rios e lagoas. Contudo, eles não foram suficientes e as enchentes continuam ocorrendo periodicamente.

As enchentes

Por Lima Barreto

As chuvaradas de verão, quase todos os anos, causam, no nosso Rio de Janeiro, inundações desastrosas.

Além da suspensão total do tráfego, com uma prejudicial interrupção das comunicações entre os vários pontos da cidade, essas inundações causam desastres pessoais lamentáveis, muitas perdas de haveres e destruição de imóveis. [...]

Cidade cercada de montanhas e entre montanhas, que recebe violentamente grandes precipitações atmosféricas, o seu principal defeito a vencer era esse acidente das inundações.

Infelizmente, porém, nos preocupamos muito com os aspectos externos, com as fachadas, e não com o que há de essencial nos problemas da nossa vida urbana, econômica, financeira e social.

Jornal Correio da Noite,
Rio de Janeiro, 19 jan. 1915.
Em: BARRETO, L. Toda crônica.
Rio de Janeiro: Agir, 1989. p. 58.

Enchente no Rio de Janeiro no início do século XX.

INFOGRÁFICO

ilustrações de
GLAUCO DIÓGENES
E PAOLA LOPES

Recife e as cheias

Século XVI

✓ Colonos portugueses fundaram uma povoação na faixa de terra entre os rios Capibaribe, Beberibe e o mar.
✓ Derrubaram a vegetação e aterraram alagados e mangues.

Século XVII

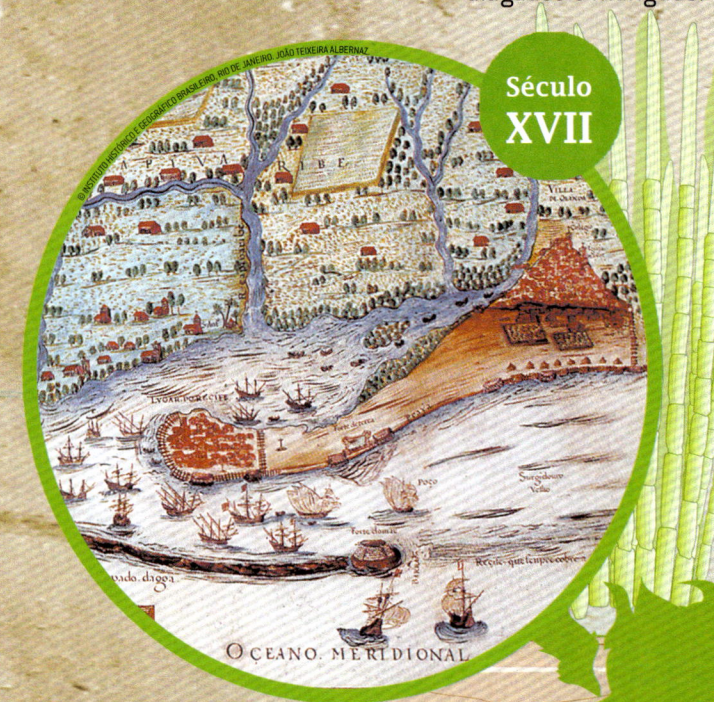

✓ Canaviais e engenhos para produção de açúcar ocupam as várzeas dos rios.
✓ Aterramento dos mangues, construção de diques e canais.

Século XVIII

✓ Habitantes da cidade expandiram a ocupação das margens dos rios.
✓ Canaviais e engenhos foram divididos em sítios e lotes, dando origem a novos bairros.

Mangue. *sm.* [...] Terreno baixo, junto à costa marítima, sujeito a inundações da maré, em geral constituído de lamas de depósitos recentes. Os mangues ou manguezais formam a base da cadeia alimentar de peixes, crustáceos, moluscos e algas, entre outros.

GIOVANNETTI, G.; LACERDA, M. *Dicionário de Geografia.* São Paulo: Melhoramentos, 1996. p. 124-125.

Século XIX

✓ Construção de moradias improvisadas sobre os mangues.
✓ Obras de aterramento dos mangues para abertura de novos bairros, provocando aumento da quantidade de enchentes.

Séculos XX e XXI

✓ Autoridades ampliam as obras de aterramento das margens dos rios e dos mangues, aumentando a ocorrência de enchentes.
✓ Construção de barragens, retificação e alargamento dos rios, mas essas obras não evitam a ocorrência de enchentes.

33

ilustrações de PABLO MAYER

A barragem de Tapacurá

Entre as barragens construídas em Pernambuco, destaca-se a de Tapacurá. Inaugurada em 1973, a barragem foi anunciada como solução definitiva para acabar com as enchentes. Contudo, dois anos depois da inauguração ocorreu uma grande enchente, deixando sob as águas 80% da cidade de Recife.

A enchente de 1975 foi tão intensa que gerou um boato de que a barragem teria estourado. Houve grande correria, pessoas abandonaram carros nas ruas, outras subiram em árvores ou em prédios mais altos para fugir das águas.

Deu na Internet @

MAIS 15 MUNICÍPIOS DECRETAM EMERGÊNCIA PELA CHUVA NO NORDESTE; BOATO DE ENCHENTE LEVA PÂNICO AO RECIFE

POR ALINY GAMA E CARLOS MADEIRO

Em Recife, as fortes chuvas voltaram a castigar os moradores da cidade nesta quinta-feira. Porém, os maiores transtornos foram causados por um boato de que a barragem de Tapacurá, no município de São Lourenço da Mata, teria transbordado e poderia atingir a capital pernambucana.

O alerta gerou pânico à população: o nome "Tapacurá" foi um dos 10 assuntos mais comentados do Twitter durante tarde e início da noite. Lojas, escolas e até um *shopping* fecharam as portas mais cedo, com medo de uma enchente, e o trânsito recifense registrou grandes congestionamentos.

Disponível em: http://ow.ly/p8bbK. Acesso em: 3 out. 2013.

Desentortando os rios

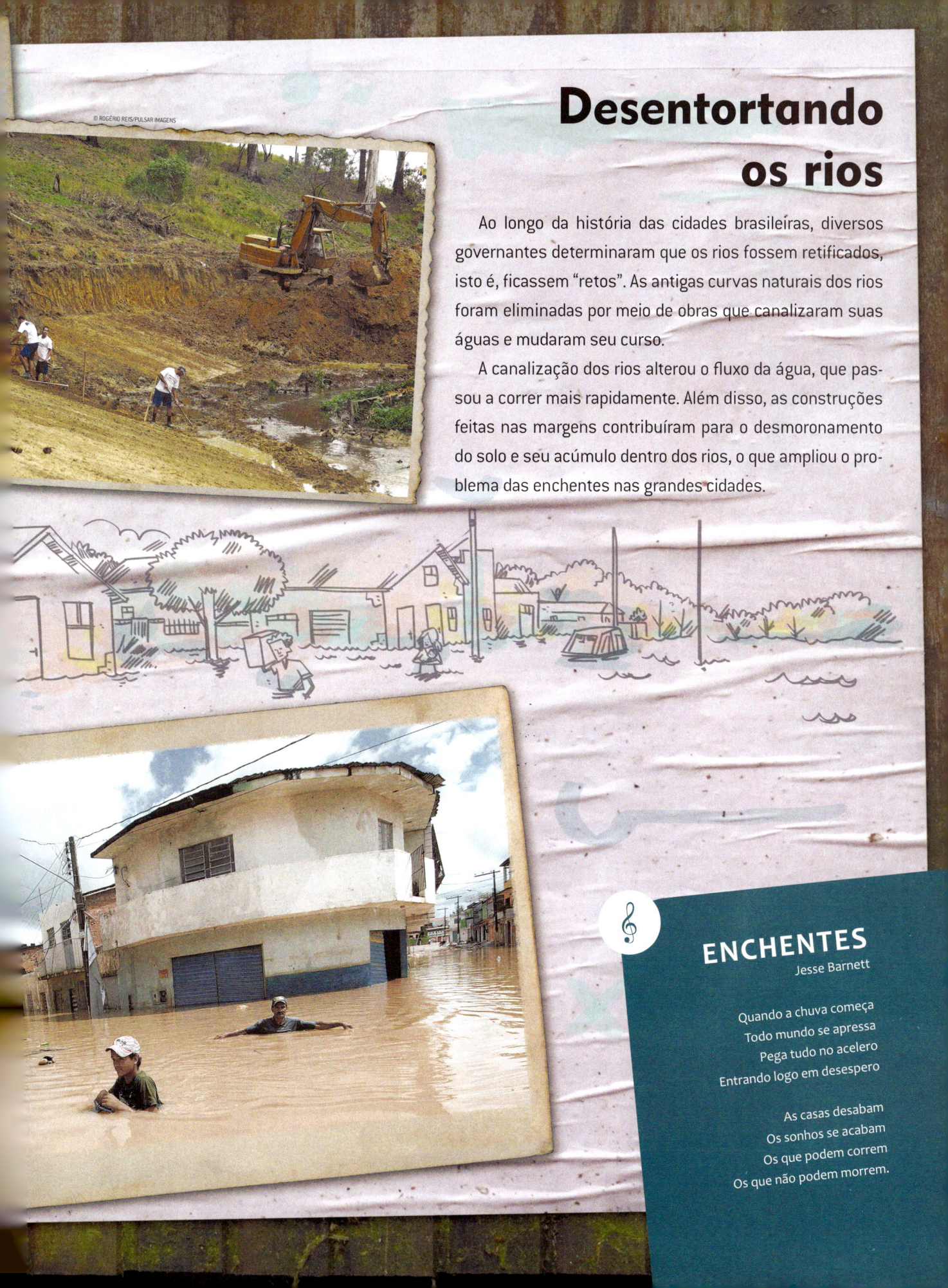

Ao longo da história das cidades brasileiras, diversos governantes determinaram que os rios fossem retificados, isto é, ficassem "retos". As antigas curvas naturais dos rios foram eliminadas por meio de obras que canalizaram suas águas e mudaram seu curso.

A canalização dos rios alterou o fluxo da água, que passou a correr mais rapidamente. Além disso, as construções feitas nas margens contribuíram para o desmoronamento do solo e seu acúmulo dentro dos rios, o que ampliou o problema das enchentes nas grandes cidades.

ENCHENTES
Jesse Barnett

Quando a chuva começa
Todo mundo se apressa
Pega tudo no acelero
Entrando logo em desespero

As casas desabam
Os sonhos se acabam
Os que podem correm
Os que não podem morrem.

INFOGRÁFICO

São Paulo e os rios: uma relação complicada

1820 A 1850

Ocupação intensiva das margens do rio Tamanduateí. Primeiras grandes enchentes, com queda de pontes e casas.

1860 A 1890

Instalação de ferrovias nas margens dos rios, atraindo comércio e moradias. Retificação do rio Tamanduateí, impermeabilização do solo com paralelepípedos.

1900 A 1960

Instalação de indústrias nas margens dos rios. Canalização de rios e córregos. Retificação do rio Tietê e construção de vias públicas em suas margens. Aumento das enchentes.

Ilustração representando ocupação da margem do rio Tamanduateí, década de 1850.

Impermeabilização do solo com paralelepípedos, década de 1890.

Retificação do rio Tietê, década de 1960.

ilustrações de BRUNA ASSIS BRASIL

1960 A 1990

Impermeabilização do solo com asfalto. Retificação do rio Pinheiros e construção de vias públicas nas suas margens. Canalização de rios e córregos.

Marginal do rio Pinheiros, década de 1980.

1990 A 2013

Projetos visando diminuir as enchentes. Ampliação da ocupação das margens dos rios.

Marginal do rio Pinheiros, década de 2010.

Tá na lei, mas...

A atual Constituição, lei máxima do país, elaborada em 1988, determina que "é dever do Poder Público e da coletividade a defesa e a preservação do meio ambiente ecologicamente equilibrado para as presentes e para as futuras gerações".

Em 2007, foi aprovada uma lei que obriga os governantes a cuidar do destino das águas nas grandes cidades. Mas como essas leis nem sempre são cumpridas, os problemas causados pelas enchentes repetem-se todos os anos.

ARTE — FOTOGRAFANDO ENCHENTES

TIPO: Fotografia

DATA: 1971

AUTOR: desconhecido

OBJETIVO: ilustrar notícia de jornal sobre enchente na cidade de São Paulo.

ONDE FOI PUBLICADA: Jornal *Folha de S.Paulo*

Outras palavras

AÇÕES HUMANAS E ENCHENTES

[...] desmatamento, impermeabilização da superfície do terreno causada pelo processo de urbanização ou construção de edificações são fatores determinantes na taxa de infiltração do solo. [...]

Logo, a interferência do homem por meio de desmatamentos e impermeabilizações urbanas e rurais termina por comprometer a capacidade de infiltração. A água que não se infiltra nem evapora escoa superficialmente, causando o aparecimento de erosões, alagamentos e inundações.

CAMAPUM DE CARVALHO, J.; LELIS, A. C.
Cartilha infiltração. Brasília: UnB, 2010. p. 8-9.

ilustrações de CAIO CARDOSO

TIPO: Fotografia

DATA: 2013

AUTOR: Paulo Preto

OBJETIVO: ilustrar notícia de jornal sobre enchente na cidade de São Paulo.

ONDE FOI PUBLICADA: Jornal *Folha de S.Paulo*

39

Blumenau e as enchentes

montagem de
GUSTAVO GUS

A cidade de Blumenau, em Santa Catarina, surgiu da instalação de uma colônia de imigrantes alemães nas margens do rio Itajaí-Açu, a partir de 1850. Ao longo da história, os habitantes dessa cidade conviveram com diversas enchentes.

Entre as décadas de 1960 e 1990, as autoridades determinaram a construção de barragens, canalização e retificação de rios, visando a prevenir os estragos das enchentes.

Contudo, essas medidas não impediram a ocorrência dessas enchentes, que continuam causando mortes e destruição no início do século XXI.

Enchente em Blumenau, 2008.

Você sabia? O Vale do Itajaí é uma região do estado de Santa Catarina formada em torno do rio Itajaí-Açu e seus afluentes, que correm entre diversas serras. Nessa região vivem cerca de 1 milhão de pessoas em 52 cidades, como Itajaí, Brusque e Blumenau.

Deu na Internet

CHUVA CAUSA QUEDAS DE ÁRVORES, ALAGAMENTOS E DESLIZAMENTOS EM SC

POR JANARA NICOLETTI

Conforme a Defesa Civil de Brusque, o rio Itajaí-Açu transbordou em alguns pontos, sem atingir residências. A água alagou partes do canal extravasor [...].

Em Blumenau, no vale do Itajaí, a situação é de alerta. A Defesa Civil monitora a região sul da cidade, onde um rio subiu repentinamente. Segundo a Defesa Civil estadual, o Ribeirão Garcia transbordou e atingiu algumas casas, mas às 7h20 o nível já havia baixado e a situação estava normalizando.

Disponível em: http://ow.ly/pttHC.
Acesso em: 3 out. 2013.

Enchente em Blumenau, 2011.

Outras palavras

ENCHENTES NO VALE DO ITAJAÍ

A história das enchentes da cidade de Blumenau caminha lado a lado com a história da colonização e do seu desenvolvimento. [...] observa-se que o vale do Itajaí, como região ou como sociedade, até hoje não foi capaz de enfrentar o problema das enchentes, mesmo que importantes iniciativas nesse sentido tivessem surgido em diversas épocas.

Por razões institucionais, políticas, econômicas ou culturais, tais iniciativas iam sendo esvaziadas. Enquanto isso, o problema das enchentes foi-se agravando, sem ter atingido, possivelmente, a gravidade necessária para motivar uma mudança de comportamento coletivo em relação ao uso do solo e dos recursos naturais.

FRANK, B. *Uma abordagem para o gerenciamento ambiental da bacia hidrográfica do Rio Itajaí, com ênfase no problema das enchentes.* Florianópolis: UFSC, 1995. p. 72 e 83. Disponível em: http://ow.ly/p7OAJ.
Acesso em: 3 out. 2013

Enchentes e doenças

Durante as enchentes pode ocorrer a contaminação da água, que se mistura com esgoto, lixo e urina de animais. O contato com a água contaminada por microrganismos que causam doenças facilita a propagação da leptospirose, hepatite A, gastroenterocolite, febre tifoide, entre outras.

Para evitar essas doenças, as pessoas que vivem em áreas com enchentes devem evitar o contato direto com a água e a lama contaminadas e o consumo de alimentos que, de alguma forma, tenham sido atingidos pelas águas da enchente.

montagem de GUSTAVO GUS

Doença: leptospirose.

Causa principal: contato com água das enchentes, que pode conter bactérias presentes na urina de ratos, transmissores dessa doença.

Sintomas: febre, dores no corpo, tremores, dores de garganta e de cabeça, vômitos.

Tratamento: com antibióticos específicos para esse tipo de bactéria.

Complicações: a doença pode comprometer o funcionamento de diversos órgãos, como o fígado e o coração, e até levar à morte.

Ligando os pontos

ilustrações de BRUNA ASSIS BRASIL

Retomando o desafio

Agora é hora de juntar todas as informações que recolhemos durante a leitura deste livro e responder à pergunta:

Como conviver com as CHEIAS dos rios?

Ao longo do nosso estudo percebemos que algumas formas de ocupação das margens dos rios pelos seres humanos transformaram as cheias naturais em tragédias.

Assim, podemos dizer que as cheias dos rios são fenômenos naturais, mas as enchentes e suas consequências são problemas sociais.

Outras palavras

A ENCHENTE COMO PROBLEMA SOCIAL

Mas o que acontece quando os rios estão contidos em canais de concreto e há pouco contato com a terra? Quando o chão em que cai a chuva é asfaltado e a vegetação natural substituída por casas e construções? Quando os morros perdem sua cobertura verde e a terra fica exposta à erosão das chuvas? A capacidade de absorção fica sensivelmente comprometida; a água se acumula em canais e valas, tomando violentamente ruas e casas. [...] Morros tornam-se ilhas, ruas tornam-se rios, casas tornam-se vulneráveis, surge o medo (pouco provável) de epidemias e o de desabamentos (bastante realista) e de perda de vidas e propriedades.

Em outras palavras, se a chuva, por intensa que seja, é parte da natureza, a enchente é um problema social.

MAIA, A. C. N.; SEDREZ, L. Narrativas de um dilúvio carioca: memória e natureza na Grande Enchente de 1966. Em: Revista *História Oral*, v. 2, n. 14, p. 226-227, jul.-dez. 2011,

INFOGRÁFICO

Organizando as informações

Ao longo deste livro, apresentamos diferentes experiências dos seres humanos com as cheias dos rios, em tempos e espaços diferenciados. Observe :

CONVIVÊNCIA COM AS CHEIAS DOS RIOS

EGITO

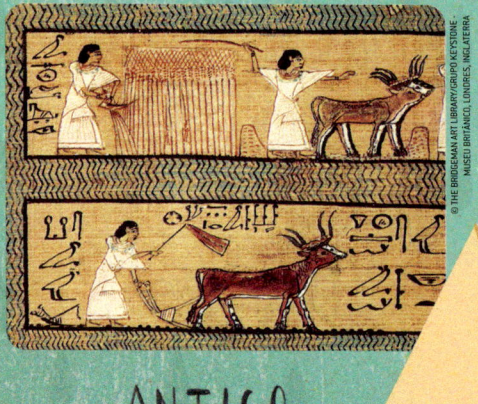

ANTIGO

- Quatro meses de cheias do rio Nilo.
- Construções e atividades econômicas adaptadas ao ciclo das cheias.
- Barragens e canais para controlar as cheias, causando a disseminação de doenças, como esquistossomose.

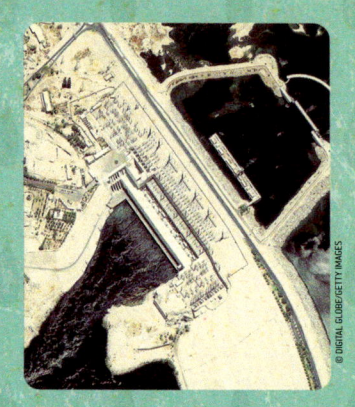

SÉCULO XX

- Controle das cheias.
- Construção da represa de Assuã para produção de eletricidade e para facilitar a irrigação.
- Impactos ambientais: diminuição dos nutrientes do rio, prejudicando a pesca e a fertilidade das terras.

ilustrações de
BRUNA ASSIS BRASIL

PANTANAL

SÉCULOS XVI A XVIII

- Seis meses de cheias do rio Paraguai e seus afluentes.
- Indígenas e colonos adaptavam suas atividades econômicas – pesca, pecuária, agricultura – ao ciclo das cheias.

SÉCULOS XIX A XXI

- Controle das cheias.
- Construção de barragens interfere no ciclo das cheias, causando desequilíbrios ambientais.
- Mudanças nas atividades econômicas interferem no ciclo das cheias.

CIDADES

SÉCULOS XVI A XIX

- Início da ocupação das margens dos rios.
- Desmatamento e construções.

SÉCULOS XX E XXI

- Cobertura do solo com paralelepípedos e asfaltamento.
- Retificação e canalização dos rios.

Concluindo

Entre as medidas que vêm sendo adotadas em algumas cidades brasileiras, visando à melhor convivência com as cheias dos rios, destacam-se:

Piscinões

Construção de grandes reservatórios que acumulam a água das chuvas, atrasando sua chegada aos rios. Contudo, os piscinões ocupam grandes áreas, são muito caros e acumulam lixo, causando mau cheiro e proliferação de doenças.

Asfalto e calçadas porosas

Substituição do asfalto e das calçadas tradicionais por calçamentos mais permeáveis à água, como o asfalto poroso e os blocos assentados sobre areia.

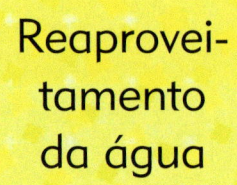

Reaproveitamento da água

Construção de pequenos reservatórios, particulares e públicos, responsáveis pela coleta e reaproveitamento da água das chuvas.

Piscinão em Diadema (SP)

Calçamento permeável em Florianópolis (SC)

Reservatório de água em Tremedal (BA)

ilustrações de WEBERSON SANTIAGO

Leis de ocupação do solo

Discussão pública de leis de controle de ocupação do solo nas margens dos rios e fiscalização do cumprimento dessas leis.

Valas de infiltração

Abertura de valas estreitas ao longo de rodovias com vegetação que permitam a retenção da chuva e facilitem sua infiltração no solo.

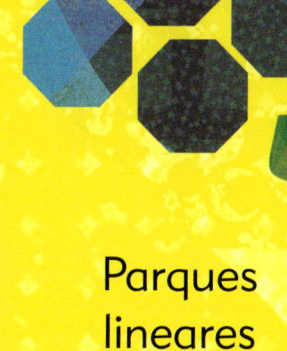

Parques lineares

Manutenção e implantação de áreas verdes nas margens dos rios e córregos, permitindo a absorção das águas durante as cheias dos rios.

Reunião de vereadores em São Paulo (SP)

Valas de infiltração em Belo Horizonte (MG)

Parque linear em Jaguariaíva (PR)

Enfim, podemos afirmar, com base em nosso estudo, que é possível conviver com as cheias dos rios. Mas, para isso, é preciso que os habitantes e os governantes das cidades brasileiras invistam em medidas que estabeleçam uma nova relação dos seres humanos com os rios, levando em conta as experiências históricas e os estudos atuais.

47

Referências bibliográficas

ilustrações de
CAIO CARDOSO

ALMEIDA, Lutiane Queiroz; CORRÊA, Antonio Carlos de Barros. "Dimensões da negação dos rios urbanos nas metrópoles brasileiras: o caso da ocupação da rede de drenagem da planície do Recife, Brasil". Em: *Geo UERJ*, ano 14, n. 23, v. 1. Disponível em: <http://www.e-publicacoes.uerj.br/index.php/geouerj/article/view/3700/2570>. Acesso em: 5 jun. 2013.

BARRETO, Lima. *Toda crônica*. Rio de Janeiro: Agir, 1989.

CAMAPUM DE CARVALHO, José; LELIS, Ana Cláudia. *Cartilha infiltração*. Brasília: UnB, 2010.

CARNEIRO, Ana Rita Sá; DUARTE, Mirela. "Aspectos da história da paisagem e do paisagismo do Recife". Em: Cidade, Território e Urbanismo: Heranças e Inovações – ST1 "*Transformações e permanências da cidade e do território*" v. 10, n. 1 (2008). Disponível em: <http://www.anpur.org.br/revista/rbeur/index.php/shcu/article/view/1192>. Acesso em: 6 jun. 2013.

CUNHA, Manuela C. da (Org.). *História dos índios no Brasil*. São Paulo: Fapesp/Secretaria Municipal de Cultura/Companhia das Letras, 1992.

EMBRAPA PANTANAL. *Intervenções humanas na paisagem e nos* habitats *do Pantanal*. Corumbá, 2009.

FRANK, Beate. *Uma abordagem para o gerenciamento ambiental da bacia hidrográfica do Rio Itajaí, com ênfase no problema das enchentes*. Tese de Doutoramento. Florianópolis: UFSC, 1995. Disponível em: http://ow.ly/p7OAJ. Acesso em: 5 jun. 2013.

HERÓDOTO. *História*. São Paulo: Ediouro, 2001.

KMITTA, Ilsyane do Rocio. *Experiências vividas, naturezas construídas:* enchentes no Pantanal. Tese de Mestrado. Dourados: FCH/UFGD, 2010.

MAIA, Andréa Casa Nova; SEDREZ, Lise. "Narrativas de um dilúvio carioca: memória e natureza na Grande Enchente de 1966". Em: Revista *História Oral*, v. 2, n. 14, jul.-dez. 2011.

MALDONADO, Maritza M. C. *O espaço pantaneiro:* cenário da subjetivação de crianças ribeirinhas. Tese de Doutoramento. Rio de Janeiro: UFF, 2009. Disponível em: <http://www.propp.ufms.br/ppgedu/geppe/Dissertacoes_teses/tese_Pantaneira_maritza.pdf>. Acesso em: 6 jun. 2013.

MARTINEZ, Paulo Henrique (Org.). *História ambiental paulista*. São Paulo: Senac, 2007.

MONTET, Pierre. *O Egito no tempo de Ramsés*. São Paulo: Companhia das Letras, 1989.

OLIVEIRA, Jorge Eremites de. *Os argonautas Guató*. Dissertação de Mestrado. Porto Alegre: IFCH/PUCRS, 1995.

RONDON, Frederico. *Na Rondônia ocidental*. São Paulo: Companhia Editora Nacional, 1938.

VASCONCELOS, Thatiana; SÁ, Lucilene Antunes Marques de. "A cartografia histórica da Região Metropolitana do Recife". Em: *Anais do I Simpósio Brasileiro de Cartografia Histórica*, maio de 2011. Disponível em: <https://www.ufmg.br/rededemuseus/crch/simposio/VASCONCELOS_THATIANA_E_SA_LUCILENE_ANTUNES.pdf>. Acesso em: 6 jun. 2013.

VERCOUTTER, Jean. *Em busca do Egito esquecido*. Rio de Janeiro: Objetiva, 2002.

VIANA, Raquel de M. *Grandes barragens, impactos e reparações:* um estudo sobre a barragem de Itá. Tese de Mestrado. Rio de Janeiro: UFRJ, 2003.